マルクス・ツェルナー［著］
岡崎淳子［訳］

タンコグラード写真集シリーズ──No.1
戦場のドイツIII号戦車

Markus Zöllner
Panzerkampfwagen III im Kampfeinsatz

Dainippon Kaiga

Ⅲ号戦車開発の背景

　Ⅲ号戦車は、予期される電撃戦を陸軍に遂行させるに足るだけの中戦車を確保したいとする国防軍最高司令部と参謀本部の要求に基づいて、開発作業が進められた。電撃戦といえば、遠距離をものともしない迅速な機動力を備えた機甲部隊が不可欠である。したがって、開発に際して特に留意されたのは車輌のスピードであって、装甲厚ではなかった。主武装には3.7cm戦車砲が選ばれた。ドイツが東を向くにせよ西を向くにせよ、当時その存在が知られていた各仮想敵国の戦車に対抗し、これを撃破するには、3.7cm砲で充分と考えられていたからだ。また、乗員は5名と規定された。どの国でも戦車の乗員は4名が主流だったことを考えれば、これはまぎれもない新機軸のひとつだった。さらに、どのような状況でも指揮統制が行き届くように、本車輌には当時最新鋭の無線通信システムが搭載されることになった。これもやはり、他国の戦車部隊との差異をきわだたせる、画期的な方針だった。ちなみに、7.5cm砲搭載のⅣ号戦車は、当初このⅢ号戦車の支援車輌と想定されていたのである。

　Ⅲ号戦車の製造命令が下されたのは1935年のことで、その後、短期間のうちに試作型が用意され、審査に供された。他方、そのあいだにドイツはスペイン内戦に介入、現地にコンドル軍団を派遣し、彼らの活動を通して新戦術の導入に必要な経験を蓄積した。つまり、このとき獲得された経験が、後日、電撃戦を展開するに際しておおいなる決め手となったわけだ。

　第二次世界大戦が勃発した時点で、Ⅲ号戦車はドイツ戦車隊の基幹兵器だった。彼らの抱いていた戦車の概念が大正解だったことは、1939年のポーランド戦役、翌'40年の西方戦役で証明された。彼らは戦車同士の直接対決を回避する洗練された戦術を採用し、巧みな

Ⅲ号戦車の基本データ

Ⅲ号戦車の系列車輌

Ⅲ号戦車A型　　Panzerkampfwagen III Ausführung A (Sd.Kfz.141)
生産時期：1936～1937年　　　生産台数：10
装甲厚：車体；前面・側面・後面とも14.5mm
　　　　砲塔；前面・側面・後面とも14.5mm
武装：3.7cm KwK L/45戦車砲1門（携行弾数120発）、
　　　7.92mm MG34機関銃3挺（携行弾数4,425発）

Ⅲ号戦車B型　　Panzerkampfwagen III Ausführung B (Sd.Kfz.141)
生産時期：1937～1938年　　　生産台数：15
装甲厚：車体；前面・側面・後面とも14.5mm
　　　　砲塔；前面・側面・後面とも14.5mm
武装：3.7cm KwK L/45戦車砲1門（120発）、
　　　7.92mm MG34機関銃3挺（4,425発）

Ⅲ号戦車C型　　Panzerkampfwagen III Ausführung C (Sd.Kfz.141)
生産時期：1937～1938年　　　生産台数：15
装甲厚：車体；前面・側面・後面とも14.5mm
　　　　砲塔；前面・側面・後面とも14.5mm
武装：3.7cm KwK L/45戦車砲1門（120発）、
　　　7.92mm MG34機関銃3挺（4,425発）

Ⅲ号戦車D型　　Panzerkampfwagen III Ausführung D (Sd.Kfz.141)
生産時期：1938年　　　生産台数：30
装甲厚：車体；前面・側面・後面とも30mm
　　　　砲塔；前面・側面・後面とも30mm
武装：3.7cm KwK L/45戦車砲1門（120発）、
　　　7.92mm MG34機関銃3挺（4,425発）

Ⅲ号戦車E型　　Panzerkampfwagen III Ausführung E (Sd.Kfz.141)
生産時期：1939年　　　生産台数：96
装甲厚：車体；前面・側面・後面とも30mm
　　　　砲塔；前面・側面・後面とも30mm
武装：3.7cm KwK L/45戦車砲1門→5cm KwK L/42戦車砲に換装
　　　（120発→99発）、7.92mm MG34機関銃2挺（3,600発）

Ⅲ号戦車F型　　Panzerkampfwagen III Ausführung F (Sd.Kfz.141)
生産時期：1939年　　　生産台数：435
装甲厚：車体；前面・側面・後面とも30mm
　　　　砲塔；前面・側面・後面とも30mm
武装：3.7cm KwK L/45戦車砲1門→5cm KwK 39 L/42戦車砲に換装
　　　（120発）、7.92mm MG34機関銃2挺（3,750発）

Ⅲ号戦車G型　　Panzerkampfwagen III Ausführung G (Sd.Kfz.141)
生産時期：1939～1940年　　　生産台数：600
装甲厚：車体；前面・側面・後面とも30mm
　　　　砲塔；前面・側面・後面とも30mm
武装：3.7cm KwK L/45戦車砲1門→5cm KwK 39 L/42戦車砲に換装
　　　（120発）、7.92mm MG34機関銃2挺（3,750発）

Ⅲ号戦車H型　　Panzerkampfwagen III Ausführung H (Sd.Kfz.141)
生産時期：1940～1941年　　　生産台数：308
装甲厚：車体；前面・側面・後面とも30mm
　　　　砲塔；前面・側面・後面とも30mm
武装：5cm KwK 39 L/42戦車砲1門（99発）、
　　　7.92mm MG34機関銃2挺（3,750発）

Ⅲ号戦車J型　　Panzerkampfwagen III Ausführung J (Sd.Kfz.141)、Sd.Kfz.141/1)
生産時期：1941年　　　生産台数：1,549
装甲厚：車体；前面・後面50mm、側面30mm
　　　　砲塔；前面50mm、側面30mm
武装：5cm KwK 39 L/42戦車砲1門
　　　→車台番号72001からKwK 39 L/60戦車砲（99発→84発）、
　　　7.92mm MG34機関銃2挺（3,750発）

機動戦を展開することによって、ときにはフランス軍のシャールBなどの重戦車さえも圧倒した。

ところが、1941年夏の対ソ連侵攻で転機が訪れる。ドイツ軍は行く先々で、それまで見たこともないような数の中戦車、のみならず重戦車の群に遭遇した。敵はかくも大規模な戦車部隊を投入する用意を整えていた。このことは、ドイツ軍の情報部が完全に見落としていた事実だった。緒戦期においては、相手側が投入してくる重戦車の数にもまだ限りがあったにせよ、厚い装甲と強力な76.2mm砲を備えたT-34やKV-1を目の前にして、Ⅲ号戦車の弱点がはっきりと露呈する形になった。彼らはいわゆる「T-34ショック」に見舞われたのだった。

こうした事態を受け、車体の装甲を強化し、搭載砲を5cmに換装する応急措置がとられた。だが、懸架装置(サスペンション)が脆弱で、増加する車重を支えきれないことが判明する。結果として、Ⅲ号戦車はその戦場での役割を次第にⅣ号戦車に譲らざるを得なくなった。とはいえ、Ⅲ号戦車はその後も現役で活躍し続け、Ⅴ号パンターが導入された後も姿を消すことはなかった。それどころか1943年以降も、Ⅲ号戦車は急場の穴埋めや、損失の補塡(てん)に必要とされ続けた。

総じてⅢ号戦車は、ドイツ軍が優位を誇った電撃戦のシンボル的存在であったものの、1942年以降の地上戦の推移に多大な影響をおよぼすことは叶わなかったといえる。

注記；本書に掲載の写真は前線の兵士らによって撮影されたものである以上、撮影環境や条件の劣悪さを考慮にいれたうえで、画質の良し悪しは公式の宣伝用写真などとは比較すべくもない点、ご了解いただきたい。

Ⅲ号戦車L型
Panzerkampfwagen III Ausführung L (Sd.Kfz.141/1)
生産時期：1941〜1942年　　生産台数：653
装甲厚：車体；前面50mm＋増加装甲20mm、側面30mm、後面50mm
　　　　砲塔；前面50mm＋増加装甲20mm、側面・後面30mm
武装：5cm KwK 39 L/60 戦車砲1門（78発）、
　　　7.92mm MG34機関銃2挺（4,950発）

Ⅲ号戦車M型
Panzerkampfwagen III Ausführung M (Sd.Kfz.141/1)
生産時期：1942〜1943年　　生産台数：250
装甲厚：車体；前面50mm＋増加装甲20mm、側面30mm、後面50mm
　　　　砲塔；前面50mm、側面・後面30mm
武装：5cm KwK 39 L/60戦車砲1門
　　　→一部7.5cm KwK L/24戦車砲に換装（84発→64発）、
　　　7.92mm MG34機関銃2挺（3,800発）

Ⅲ号戦車N型
Panzerkampfwagen III Ausführung N (Sd.Kfz.141/2)
生産時期：1943年
生産台数：663＋他のⅢ号戦車系列車輌からの改修が37
装甲厚：車体；前面50mm＋増加装甲20mm、側面30mm、後面50mm
　　　　砲塔；前面50mm＋増加装甲20mm、側面・後面30mm
武装：7.5cm KwK L/24戦車砲1門（64発）、
　　　7.92mm MG34機関銃2挺（3,450発）

Ⅲ号指揮戦車の系列車輌

Ⅲ号指揮戦車D1型
Panzerbefehlswagen III Ausführung D1 (Sd.Kfz.266、267、268)
生産時期：1938〜1940年
生産台数：30
装甲厚：車体；前面・側面・後面とも30mm
　　　　砲塔；前面・側面・後面とも30mm
武装：7.92mm MG34機関銃2挺（1,500発）

Ⅲ号指揮戦車E型
Panzerbefehlswagen III Ausführung E (Sd.Kfz.266、267、268)
生産時期：1940年
生産台数：45
装甲厚：車体；前面・側面・後面とも30mm
　　　　砲塔；前面・側面・後面とも30mm
武装：7.92mm MG34機関銃2挺（1,500発）

Ⅲ号指揮戦車H型
Panzerbefehlswagen III Ausführung H (Sd.Kfz.266、267、268)
生産時期：1940〜1941年
生産台数：175
装甲厚：車体；前面30mm＋増加装甲30mm、側面・後面30mm
　　　　砲塔；前面・側面・後面30mm
武装：7.92mm MG34機関銃2挺（2,550発）

5cm 42口径長戦車砲付Ⅲ号指揮戦車
Panzerbefehlswagen III mit 5cm KwK L/42 (Sd.Kfz.141)
生産時期：1942年
生産台数：81＋Ⅲ号戦車からの改装が104
装甲厚：車体；前面・後面50mm、側面30mm
　　　　砲塔；前面・側面・後面とも30mm
武装：5cm KwK 39 L/42戦車砲1門（75発）、
　　　7.92mm MG34機関銃1挺（1,500発）

Ⅲ号指揮戦車K型
Panzerbefehlswagen III Ausführung K (Sd.Kfz.266、267、268)
生産時期：1942〜1943年
生産台数：50
装甲厚：車体；前面・後面50mm、側面30mm
　　　　砲塔；前面50mm、側面・後面30mm
武装：5cm KwK 39 L/60戦車砲1門（65発）、
　　　7.92mm MG34機関銃1挺（1,500発）

III号戦車J型の前でポーズをとるドイツ・アフリカ軍団の兵。補給線が延びすぎていたのと、補給状況そのものが良好ではなかったことから、車体後部や履帯ガード（フェンダー）上に積める限りの装備を積んでいる。5cm戦車砲の下には土嚢を置いて"増加装甲"にしている点に注目。とはいえ、行軍に際してもこのままだったかどうかはおおいに疑問の残るところ。これでは操縦手の視界が著しくさえぎられ、操縦に支障を来したろうから。(MZ)

これはきわめて希少価値の高い写真である。Ⅲ号戦車A型はわずか10両しか生産されていない。つまり、この写真は少なくともそのうちの1両はこうして確実に就役していたことを示すものだ。とはいえ、14.5mmの薄い装甲と、懸架装置の不具合が原因で、本車輛は国防軍の要求を満たすに至らなかった。そのためⅢ号A型の実働期間は1940年2月までと短く、また活動範囲も限定されていた。ちなみに本型式のみ、垂直式コイルスプリングを用いた独立懸架機構を採用しているのが特徴。(MZ)

　訓練中に撮影されたⅢ号戦車B型。この型も生産台数15と、これまた少ない。主武装は3.7cm KwK L/46.5 (3.7cm 46.5口径長戦車砲)。懸架装置の問題は別として、装甲が厚さにしてわずか14.5mmとあまりに貧弱だったことが、1939年のポーランド戦終了後、本車輛が前線から引き揚げられた主たる理由だった。以降、一部は1940年末まで訓練部隊で使用された。(MZ)

訓練中に撮影されたIII号戦車B型。この型も生産台数15と、これまた少ない。主武装は3.7㎝ KwK L/46.5（3.7㎝ 46.5口径長戦車砲）。懸架装置の問題は別として、装甲が厚さにしてわずか14.5㎜とあまりに貧弱だったことが、1939年のポーランド戦終了後、本車輌が前線から引き揚げられた主たる理由だった。以降、一部は1940年末まで訓練部隊で使用された。（MZ）

III号戦車B型もしくはC型。1938年、険しい起伏のあるグラーフェンヴェーア演習場で。ドラム形のキューポラがB型およびC型の特徴。B型とC型を見分ける唯一のポイントは、懸架装置のリーフスプリングのセット数。B型は2セット、C型は3セットである。この写真では肝心の足まわりが隠れてしまっているので、B型かC型かの判別は難しい。（MZ）

III号戦車C型。やはり15両しか生産されなかったうちの1両で、1938年、補充部隊に配されたもの。砲塔に2挺、車体に1挺で計3挺のMG34機関銃は、いずれも取り外されている。記念写真なのだろうか、新兵らしき青年がポーズを取っている。（MZ）

▲ Ⅲ号戦車D型は、1938年1月から6月に30両が生産された。B、C型とD型に共通するのは8個並んだ小型の転輪、そしてリーフスプリングを用いた懸架装置。リーフスプリングの利用はこのD型まで。厚さ30mmに強化された基本装甲を導入したD型は、1940年の西方戦役まで積極的に実戦投入された。しかし、懸架装置に絶えず不具合が発生するのに加えて、やはりまだ装甲が貧弱であるとして、間もなく第一線から引き揚げられた。背景にはⅣ号戦車が何両か見えている。(MZ)

▼ 車体前面を数カ所撃ち抜かれ、身動きの取れなくなったらしいⅢ号D型。装甲厚14.5mmでは、ポーランド軍の対戦車砲弾をあっさり引き受けることになったようだ。赤十字の腕章をつけた衛生兵も交えて、この一団はポーランド戦参加の記念写真に、擱座車輌を格好の舞台装置にしてしまった。(TA)

▲ この1枚に、それぞれ型式の異なるIII号戦車が3両写っている。右はD型、中央奥はE/F型、左手前は指揮戦車のE型。(MZ)

▼ 1940年のフランス戦時に撮影されたE型。非常に良く撮れた1枚だ。砲塔の下、車体前面から側面にかけて乗員の手で予備履帯が取り付けられ、増加装甲の役割を果たしている。とはいえ、この方法はかえって裏目に出ることもあった。予備履帯が砲弾のトラップになりがちだったからだ。3.7cm砲とMG34機関銃はいずれも防塵カバーでおおわれている。なお、このE型から転輪が6個に変更され、最終のN型までそのパターンが維持される。(MZ)

▲ "6馬力"が"300馬力"を追い抜いて行く。撮影地はギリシャ。Ⅲ号戦車E型も、横を通り過ぎる荷馬車さながら備品満載で、対比の妙を感じさせる1枚だ。(MZ)

Ⅲ号E型。車体機銃は取り外されているが、砲塔の2挺はそのままにされている。1番目と2番目の上部転輪のあいだに見える緊急脱出用ハッチに注目。(MZ)

▲ 砲塔の下、車体前面の装甲板がすっかり吹き飛ばされたⅢ号戦車。装甲厚30㎜では、対戦車砲弾には満足に対抗できなかったようだ。緊急脱出用ハッチのハッチカバーも見あたらない。砲塔右側面には対戦車砲弾の射入孔。これだけの被害状況からすると、乗員は個人的に戦争から手を引くことができたかもしれないし、ことによると最悪の結果に──つまりは戦死に至ったかもしれない。(MZ)

かなりの荒れ地を駆け回ったらしいⅢ号戦車。車体下部側面がよく見えている貴重な写真。乗員は初期の黒い戦車兵用ベレーを被っている。この車輌がE型かF型については、識別ポイントである車体前面下部が見えないので断定はできない。(TA)

街路を走行中のⅢ号戦車E型。車長は司令塔から身を乗り出し、周囲を警戒しているが、笑みもこぼれて余裕の表情。正確な場所については不明。(JV)〔編註：シャシー前方上部のブレーキ点検ハッチ扉だけ右側だけ開放されていることに注意。初期の型式のものでは、非戦闘時にハッチ扉を開けている例が多い。牽引用アイにかけられたロープは乗員の足掛けとして使ったものだろう。〕

▲ 川底にスタックし、水没しかかっているⅢ号戦車E型の乗員が車内の私物を"救出"しようと図っている。もっとも、必死で作業しているのは2人だけで、彼らの同僚はなにをするでもなくそれを眺めている。(MZ)

◀ 黒の戦車搭乗服と黒のベレーに身を固め、Ⅲ号戦車EもしくはF型の前で記念写真のポーズを取る乗員。(MZ)〔編註:中央に写る人物が肩から付けた飾緒は、英語でマークスマンシップ・ラニヤードと呼ぶ一種の戦功章で、陸軍の兵に対し、武器への習熟度を判定して授与されるもの。彼の場合、1から12まであるランクの3相当であるようだが、それ以上の判断は難しい。〕

右ページ上:Ⅲ号F型。戦車は乗員にとってまさしく"家"であることがわかる、生活感の漂う写真。フランドル地方の某所。脱ぎ捨てられた衣類、カモフラージュ用とおぼしき小枝のほか、雑多な装備品が車上狭しと積まれている様子を見ると、状況はそれほど切迫していないのだろう。それでもキューポラの後ろには対空機銃が取り付けられ、空をにらんでいる。(MZ)

右ページ下:長距離の移動には、自走行軍よりも鉄道輸送が好まれた。車体前面、傾斜装甲板上のブレーキ給気孔の装甲カバーが鮮明に写っているが、これがⅢ号F型の識別ポイント。なお、この車輌は、強力な5cm戦車砲に換装された後期生産分100両のうちの1両である。(MZ)

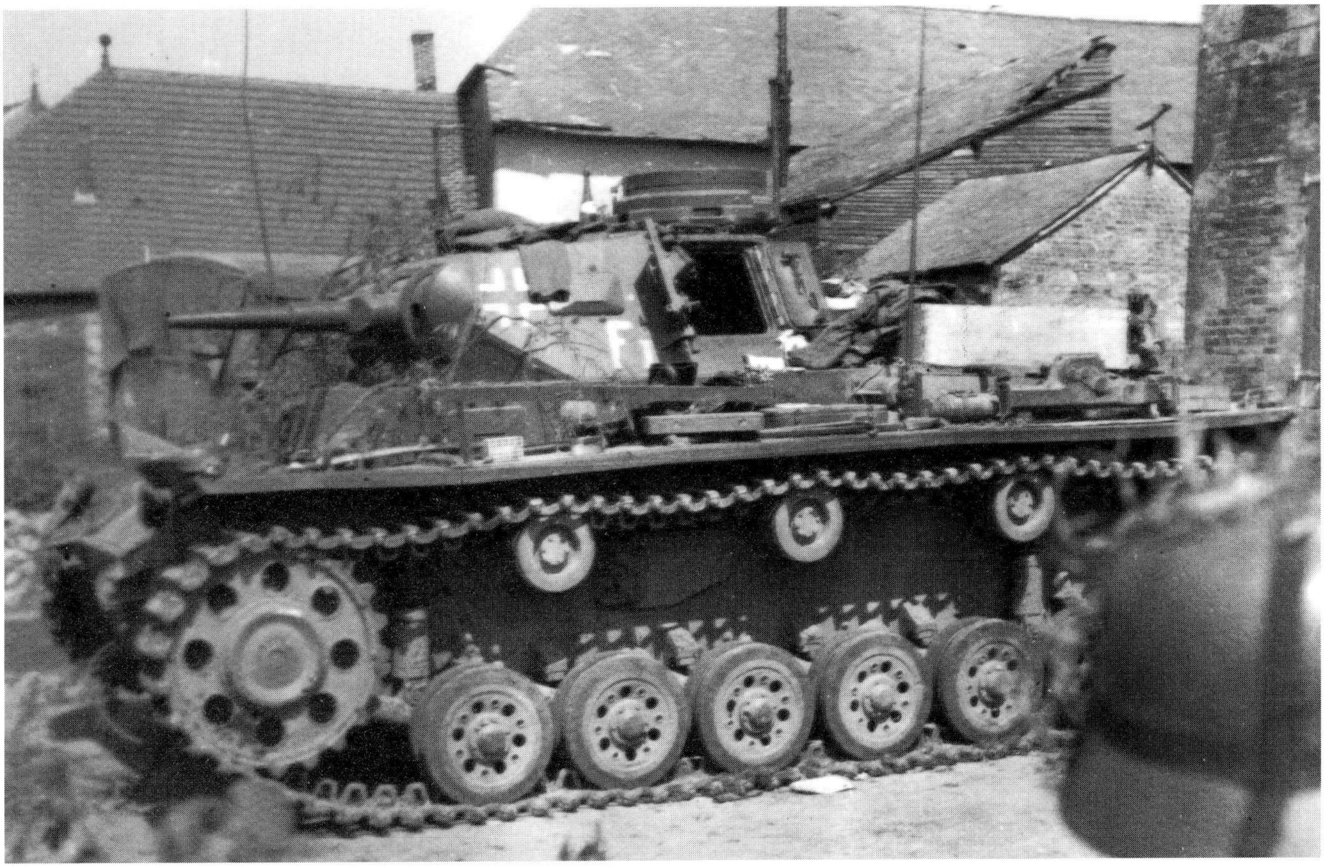

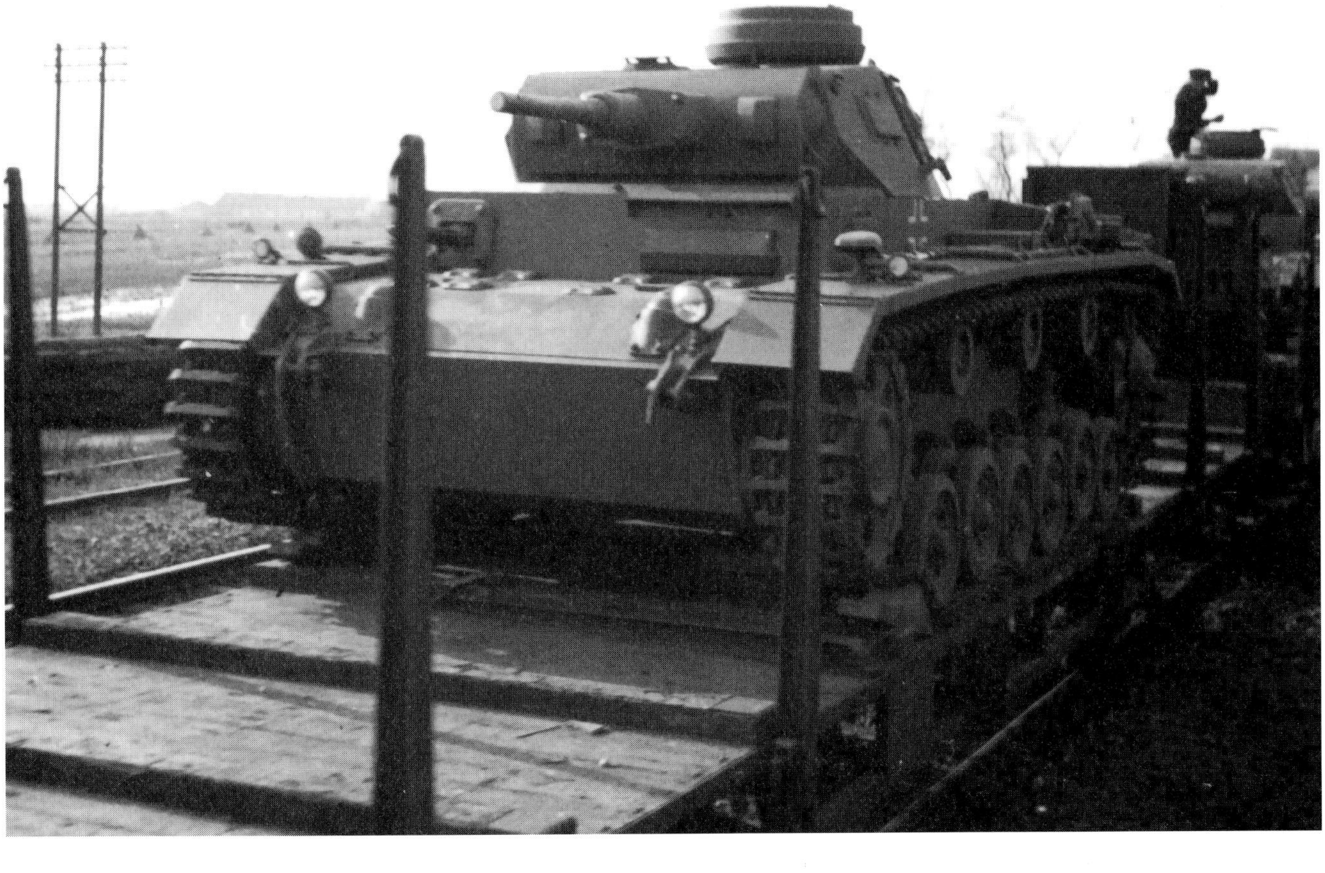

▲ 牽引ロープでの回収を受けるⅢ号F型。だが、せっかくの作業も徒労に帰すかもしれない。操縦手用ヴァイザーの横に見える師団章から第5戦車師団所属とわかるこの車輛は、地雷にやられたようで、損傷度合いがひどいからだ。履帯はすでに取り去られている。砲塔番号14がくっきりと見えている。1940年5月。(MZ)

▼ 前景の車輛は、傾斜装甲板に増加装甲が取り付けられている。背後の車輛には、それが見あたらない。ここから判断して、前景の車輛はⅢ号E型、後ろはその後継型たるⅢ号F型、もしくは改修されたE型だろう。1940年5月、西方戦役時のサン・ヴィート。(MZ)

これは第13戦車師団所属のⅢ号戦車F型。増加装甲板の操縦手用ヴァイザー横に描かれた戦術マークに注目。写真の状況を察するに、この車輌の乗員は木造の橋の強度を見誤ったようだ。(JV)

このⅢ号戦車F型の乗員は、砲塔上に陣取って、快適なドライブを楽しんでいる様子。ロシア戦線の風景だろうが、前線からは相当に離れているのだろう。後ろに続く多くのⅢ号戦車G型。ともに旧式化した3.7cm KwK L/46.5に換えて5cm KwK L/42戦車砲装備となっている。先行するF型は、ちょうどブレーキをかけているらしいことが、前方サスペンションの作動状態から判断できる。(MZ)

Ⅲ号戦車G型の生産数は600両。写真の車輌は、右前方の履帯ガード（マッドフラップ）が撥ね上げられ、車体機銃が撤去されている。おそらくは整備部隊に留め置かれているところを撮影したものだろう。このG型から導入された新型キューポラに注目。(MZ)

▲ 数両のⅠ号指揮戦車B型に先行して、橋を渡るⅢ号戦車G型。ブルガリア某所。砲塔の屋根にはジェリカンが満載で、車長の視界は著しくさえぎられている。(MZ)

◀ 5㎝ 42口径長の戦車砲が正式に導入されたのは、Ⅲ号G型から。対ソ侵攻前線で、3.7㎝砲の威力不足が判明して以降、この措置は非常に意味を持つものになった。新型キューポラにも注目。(MZ)

右ページ上：Ⅲ号戦車G型。5㎝戦車砲とMG34機関銃のいずれも、ロシアの冬の気候にあわせ、湿気や泥の侵入を防ぐカバーを装着。キューポラ後部に見える旗は、故障車輌であることを示すもの。第1転輪に注目。(MZ)

右ページ下：泥濘地(ていねい)を走破した直後のⅢ号G型。セルビア某所。ここでも車載機関銃には防塵カバーがかけられている。(MZ)

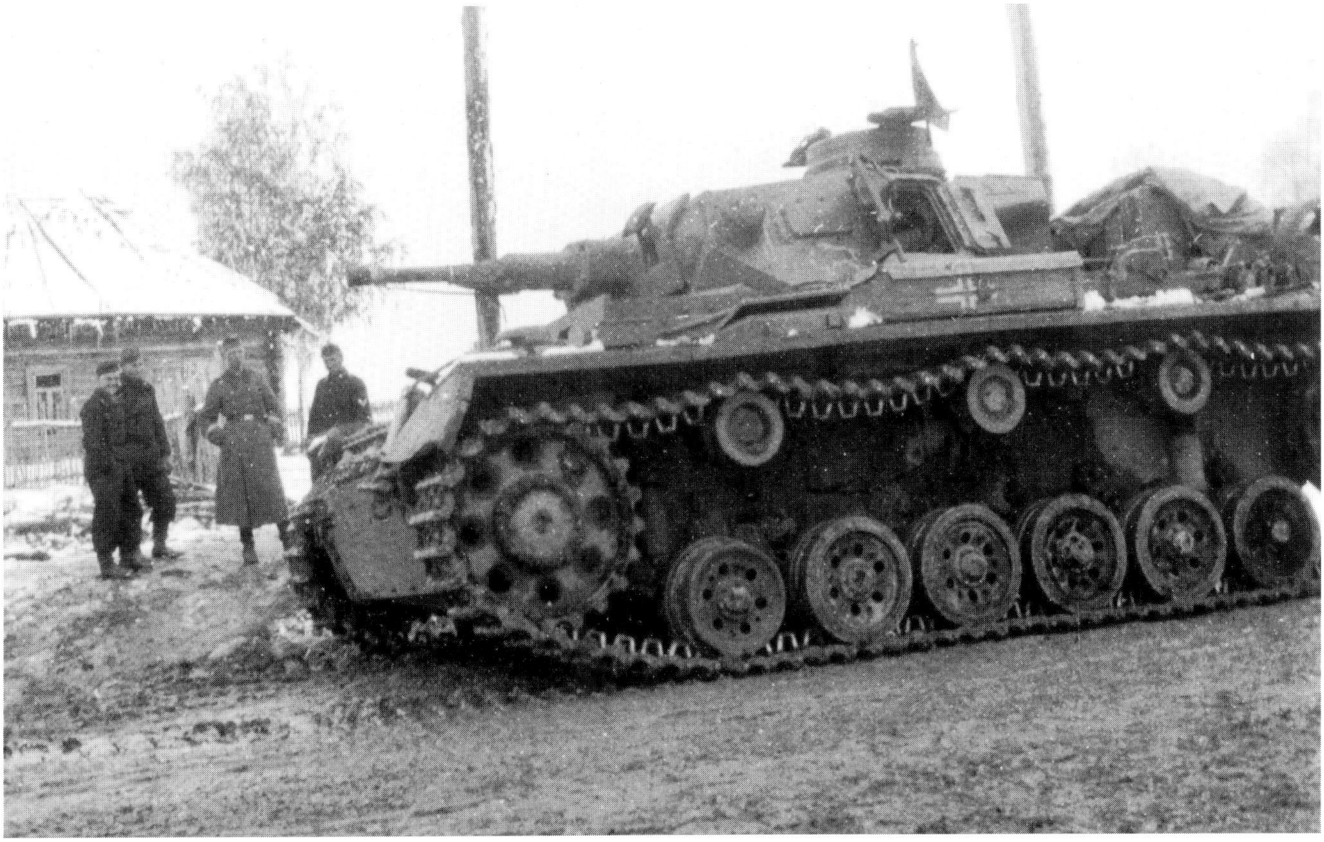

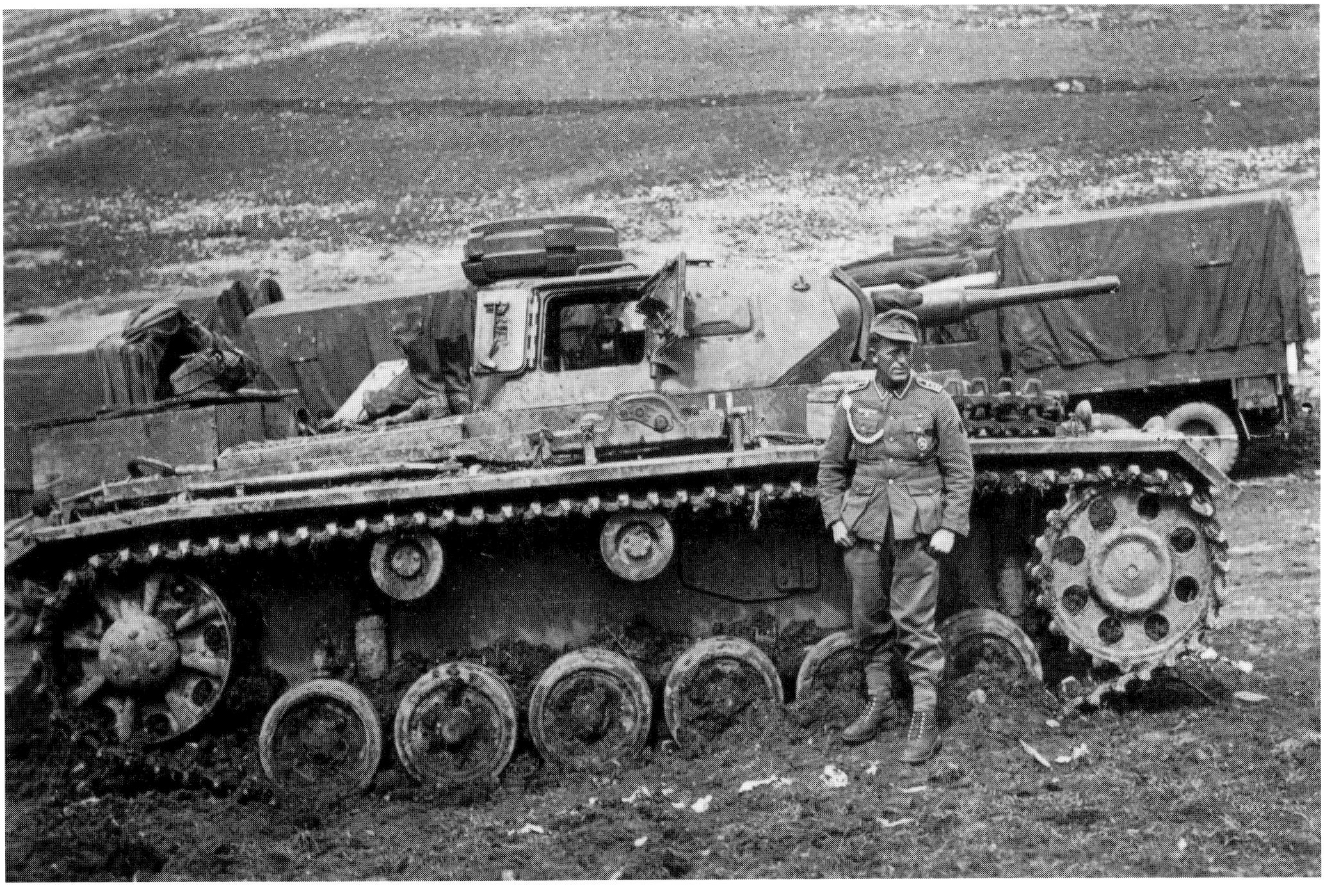

▲ 万全を期して装備をととのえたⅢ号戦車G型。右前方マッドフラップ上に描かれた『G』はグデーリアン戦車集団のマーク。予備履帯を利用した増加装甲は、実際の効果以上に、士気高揚に大きく作用した。追加の燃料容器のほか予備転輪を積んでいるのにも注目。(TA)

▼ Ⅲ号G型の車上でポーズを取る乗員。バルケンクロイツや砲塔番号など鮮明に写っているが、3ケタの真ん中の数字が乗員の脚に隠れて読みとれないのが残念だ。搭載砲は3.7㎝砲の後継たる5㎝ KwK L/42戦車砲。キューポラを見ると、この車輌は本来3.7㎝砲搭載型として製造され、あとから5㎝砲に換装されたものであることがわかる。G型に特徴的な砲塔後面の雑具箱は見あたらない。(MZ)

▲ かなり酷使された様子のⅢ号G型。アフリカ戦線。砂漠地帯では昼夜の気温差が激しく、夜間は耐え難いほど寒くなることもあるのは周知のとおりだが、そのことが写真の乗員の服装からもうかがえる。なお、この車輌は明らかに右側履帯を損傷していて、修理が必要な状況だ。(MZ)

▼ グデーリアン戦車集団に所属するⅢ号G型が砂地の道路を進む。東部戦線。牽引用ロープが牽引シャックルに固定されている点に注目。(MZ)

東部戦線の典型的な光景。さまざまな種類の車輛が、この凄まじい泥濘地をなんとか通り抜けようと悪戦苦闘している。装輪車輛には泥にはまりこんで動けなくなったか、装軌車輛が救出に協力してやらねばならない。そもそもロシアは履帯幅が狭く、それまでの極端な悪路での経験を踏まえて、Ⅲ号戦車H型からは履帯幅が360mmから400mmに改められた。写真はⅢ号戦車G型。乗員のスチールヘルメットが車体前面に引っ掛けられている。(JV)

右ページ上：潜伏陣地から出撃を待つⅢ号戦車G型。車輛の後ろに集まった兵がヘルメットを着用していることから察するに、前線にかなり近い地点なのだろう。砲塔後面の雑具箱に注目。(JV)

右ページ下：遺棄されたⅢ号G型。1941年冬。車長用キューポラのハッチも、その他乗員用ハッチもことごとく開いたままだ。失われた増加装甲板の取り付け用ボルトが、傾斜装甲板上に見えているのに注目。(TA)〔編註：原文では遺棄と表現されているが、機関銃がそのまま残され、目立った損傷もない。装甲板のみ持ち去られている点が不可解。上部構造正面装甲もないところから、破損した装甲の交換待ち時に撮影したとも考えられる〕

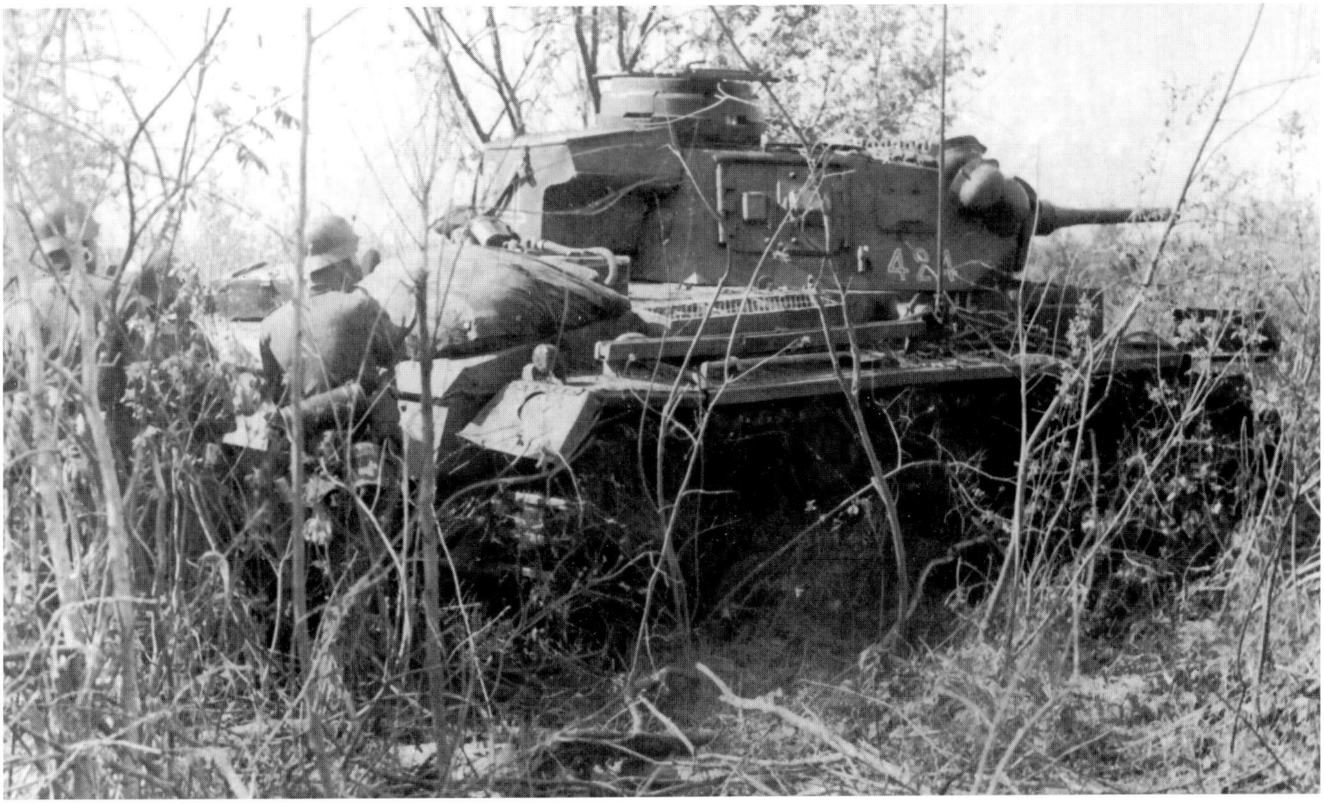
424

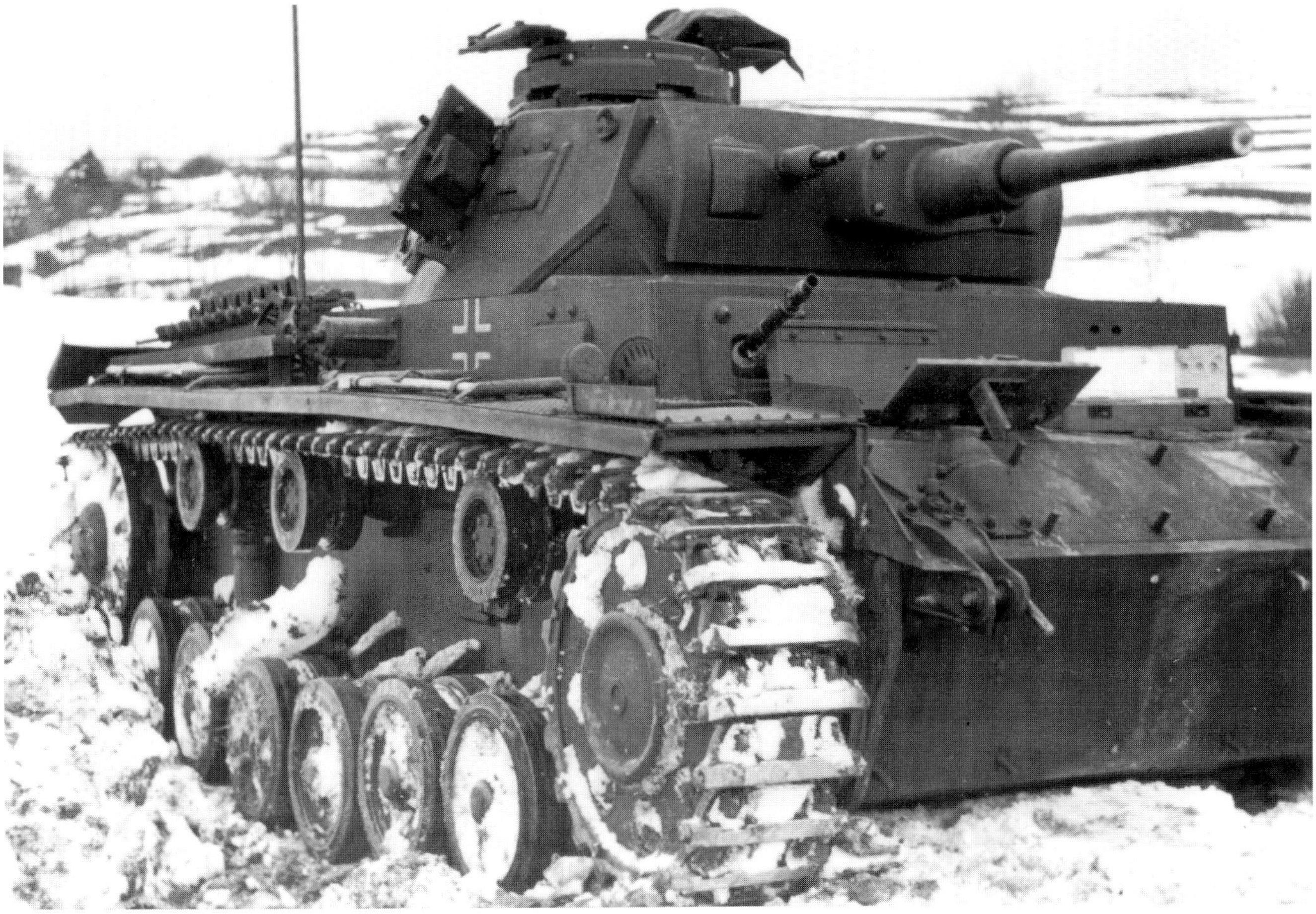

ギリシャ某所の山村を通過中のIV号H型。狭い道を、すぐ後ろからIV号戦車が続いてくる。周囲のドイツ兵は興味津々の様子でこれを見守っている。車体にボルト留めされた厚さ30mmの増加装甲板がはっきりと判別できる。(MZ)

走行中のⅢ号戦車H型をうまく捉えた写真。東部戦線。車体側面および操縦手ヴァイザーから車体機関銃の周辺を覆った厚さ30㎜の増加装甲板が鮮明に判別できる。この種の増加装甲板は基本装甲板にボルト・ナットで留め付けられていた。写真右端、オートバイ伝令兵が路肩に寄って、戦車の通過を待っている。（MZ）

陣地で待機中のⅢ号戦車。写真手前から4両はH型。G型とH型の差異は、後者が新型の起動輪を採用している点に顕著。さらに、G型までは履帯幅が360㎜だったが、H型ではこれが400㎜に変更されている。東部戦線での経験にもとづいた改善措置のひとつである。（JV）

Ⅲ号戦車H型。H型は1940年10月から1941年4月にかけて308両が生産されている。写真は鉄道移送の光景。貨車の車台に"Köln〜グルン〜"の文字が読みとれる。[編注："Köln"は所属車輌線区を示すシリアルナンバー、"SS"に続く数字は搭載許容重量35t／搭載物制限長15m／18mの2種があった。"SSn"の記号を附号されたものがあるが、これが38t／18mをすかどうかは不明。車台を強化、積載上限を大きくしたものが"SSl"（40t／18m、4軸）であるが、いずれも第二次大戦以前からドイツ鉄道で使用されていた。大戦中に軍用としてつくられた重量物運搬用大型平台多軸貨車は現用の長物車（いわゆる長物車）を意味する記号で、の文字は4軸の長尺物運搬貨車（いわゆる長物車）を意味する記号で、

"SSy"、"SSys"（いずれも50t／8.8m、4軸。車軸間距離の違いで細分、"SSys"（は6150mm、"SSys"では7950mm）、"SSyms"（"SSy"の延長強化型。80t／11.2m、6軸）が存在する。なお小文字"y"は、現用の略号"Y"が固閉防車を表すことから、当時から「軍用」を示すものと思われる。）(MZ)

▲ 赤い星が麗々しく掲げられたプロパガンダ用のゲートを通過するⅢ号H型。ロシア某村。星の中心にあしらわれたスターリンの肖像から疑い深そうなまなざしを投げかけられるまでもなく、このⅢ号H型はすでに東部戦線の辛酸をそれなりに嘗めているようだ。(JV)

　残骸と化したⅢ号H型だが、偶然にも砲塔の内部が子細に観察できる。見えているのは車長席と砲手席。ただ、この損傷度合いから推察するに、乗員は誰も生還できなかったかもしれない。砲塔の装甲の薄さまでも実感できる写真だ。(MZ)

▲ 側面に直撃弾を受けたⅢ号戦車。乗員がひとりでも生還できたかどうか疑わしい。型式はH型かJ型のいずれかである。MG34の球形機銃架、起動輪、給気孔カバーの形状など、識別のポイントが写真からでは確認できないからだ。正確な特定は困難だろう。（TA）

▼ 車体と砲塔に増加装甲を施し新装成ったⅢ号戦車J型。乗員が──ひとり足りないようだが──車上でポーズを決めている。J型の識別ポイントは、第1と第2上部転輪のあいだの緊急脱出用ハッチ、砲塔前面および側面の視察用クラッペ。これらは、続くL型では廃止されている。それまでの鋳造製から鋼板溶接加工に改められたブレーキ通気孔カバー、60口径長の砲身の長さに注目。（TA）

Ⅲ号J型。搭載砲は短砲身の5cm KwK L/42すなわち42口径長の5cm戦車砲。右前方マッドフラップ上に、2匹のミツバチもしくはマルハナバチの部隊章が描かれているが、残念ながらどこの部隊のものかは不明。背景に見えているのは、4.7cm PaK(t)搭載の35R(f)戦車、つまりフランス軍から鹵獲したルノーR35戦車の車台にチェコ製4.7cm対戦車砲を搭載した自走砲。(MZ)

▲ 車体上部前面と防盾に厚さ20mmの増加装甲板が取り付けられたIII号J型。長砲身の5cm 39式60口径長戦車砲に換装されたタイプである。というのも、この種の増加装甲板は本来L型から導入された標準装備だからだ。フェンダー上の榴弾2発、謎の円筒形のコンテナが目を惹く。（MZ）

▼ 低床貨車に積載され、鉄道輸送を待つIII号J型。J型はIII号戦車系列車輌のなかでも最多の2,600両が1941年から1942年にかけて生産されている。うち1,549両が、写真の車輌に見られるように、いわゆる短砲身型として、5cm 42口径長戦車砲を搭載したタイプ。（MZ）

▲ 車体機銃架に新型の"Kugelblende～球形防盾～50"が採用されたのはⅢ号J型から。さらに車体前・後面および砲塔前面の基本装甲厚も30㎜から50㎜に増加されている。（MZ）

▼ 民家の前に停まっているのはいずれもⅢ号J型。ロシア戦線。2両とも冬季迷彩が施されているが、車輛の前面はパンツァーグレイ（ドゥンケルグラウ）の基本塗装が覗いている。砲塔番号に被さるように引っ掛けられた乗員のヘルメットには、白色迷彩が施されていない。（MZ）

疾走中のⅢ号J型。砲塔右側面の師団章からわかるように、第18戦車師団所属車輌。強靱なサスペンションは、当時このクラスの戦車のデザイン的特徴のなかでも、出色の出来とされた。(JV)

▲ 貨車に積載され、移送を待つⅢ号J型。より威力ある長砲身の5cm戦車砲を搭載したタイプ。砲塔の屋根に予備履帯を積んでいる。(MZ)

▼ 鉄道移送中のひとコマだが、いわば珍種の軍用車輌が揃っているのが見どころ。左から無線操縦の"重装薬運搬車A型"、無線操縦戦車部隊の部隊章が描かれているⅢ号J型、イギリス軍から鹵獲の後、ドイツの国籍標識バルケンクロイツを記入して使われたブレンガン・キャリア。いずれも第300（無線操縦）戦車大隊所属車輌と思われる。(MZ)

Ⅲ号H型とJ型の違いがはっきりとわかる写真。車体甲板とヒー体型のデザインに改められた。ただし、この機銃架は突出した球形。牽引用アイプレートは側面装車輌自体は初期の短砲身型である。(JV)

▲ 砲塔番号600から、第6中隊長の搭乗車であることがわかるⅢ号J型。ロシア戦線、1942年。まだ短砲身の5㎝戦車砲装備である。起動輪には大量の泥がこびりついているが、この戦域ではごく普通のこと。(MZ)

▼ スターリングラード外縁で撮影されたⅢ号J型。冬季迷彩は現場で適当な手段を用いて施されるという一例。一般にはチョークや白の水性塗料を手作業で塗るというのがよくあるパターンだった。ところどころ白が剥げた部分にパンツァーグレイ(ドゥンケルグラウ)の基本塗装が覗いている。前線の兵士が自力で対処するという姿勢は車輛の迷彩に限らない。防寒服も現場調達が珍しくないと見える。(MZ)

▲ T‐34との遭遇。このⅢ号J型は、圧倒的パワーを誇るソ連戦車の餌食になったらしい。キューポラのハッチ、砲塔側面ハッチとも開いているが、緊急脱出用ハッチは閉ざされたまま。6個ある転輪のうち2個は吹き飛ばされ、写真手前に転がっている。砲塔後面のピストルポートに注目。(MZ)

鉄道移送されるⅢ号J型群。移送中は空から発見されないように、干し草の束などでカモフラージュを施すことが多かった。J型はH型よりも装甲が強化され、車体前・後面ではその厚さ50mmになっているが、これは東部戦線でT‐34に遭遇してからは、不可欠の要素となった。(MZ)

川を渡渉しきった直後を捉えられたⅢ号J型。車体の球形機銃架、車体側面装甲と一体化した牽引用アイブレートなど、H型との違いがよくわかる写真。フランス某所。(MZ)

Ⅲ号J型。後続車輌はI号戦車B型、I号指揮戦車。さらにその後ろにもⅢ号戦車が見える。(JV)

Ⅲ号J型の側面がよくわかる写真。H型と比べて、第1上部転輪が前寄りに移動している点に注目。機関室上面(エンジンデッキ)に予備転輪が載せられている。砲塔の同軸機銃と車体機銃がいずれも取り外されているのが目を惹く。(MZ)

戦争5年目に突入しても III 号戦車は広範囲に投入されていた。これは LKW ビューシンク・NAG4500トラック（4.5t積み）の荷台に搭載したビル 1944年1月。寸断され、混迷深まる東部戦線某所で撮影された III 号 J 型。シュタイン製3.5tクレーンで、エンジンユニットの取り外し作業中。(JV)

ドイツ軍に限らず、赤軍もまた敵から鹵獲した車輌を有効利用した。信頼性の高いⅢ号戦車は、赤軍戦車部隊に重宝がられたようだ。写真のJ型はその一例で、突撃砲縦隊の先導役に使われているらしい。(JV)

Ⅲ号L型の前でポーズを決める乗員。東部戦線の苛酷さを垣間見せてくれる写真。車体前面には、またしても予備履帯を利用した"装甲強化"がなされている。このL型から、砲塔側面の視察用クラッペが廃された。(TA)

▲ Ⅲ号L型。ただし、車体下部側面の脱出用ハッチがまだ確認できる点から判断して初期L型ということになるだろう。後期L型ではこのハッチは廃されている。この車輌はクライスト戦車集団隷下第16戦車師団所属。オリジナルのプリントには"Ⅲ号戦車、グラーフ・フォン・リュッテヒャウ少尉"の添え書きがあった。ちなみに砲塔に寄り添うように写っているのは著者の祖父でハンス・シュナイダー伍長勤務上等兵。(MZ)

写真左、Ⅲ号L型の、これは初期生産タイプであることがわかる。砲塔側面の視察用クラッペは廃されているが、車体下部側面の緊急脱出用ハッチがはっきりと確認できるからだ。後ろにはⅢ号J型、まだ側面クラッペはついている。(MZ)

▲ Ⅲ号L型。砲防盾に装備されているはずの(間隔式)装甲板が失われているので、通常はその下に隠れて見えない細部が観察できる。L型は1941年から1942年にかけて653両が生産された。(MZ)

▼ フランスの駐屯地で"愛車"とともに記念撮影にのぞむ戦車兵。Ⅲ号戦車、背景のⅣ号戦車ともに若干のカモフラージュが施されているところを見ると、空襲がないわけではないらしい。(MZ)

車体下部側面に緊急脱出用ハッチがまだついているⅢ号初期L型。砲塔側面の視察用クラッペは、このL型から廃されている。(JV)［編註：背景の建物はバウハウスの建築家が設計したモダニズム、機能主義を色濃く反映している。建物には、キリルで「OK KΠP?У」という文字が掲げられているが、判読できない部分はおそらく「6」。ウクライナ共産党地方委員会の略語と思われ、いずれにせよ撮影場所はウクライナのどこかである。］

▲ 防盾に増加装甲板を装備したⅢ号L型。操縦手用のクラッペから車体機銃周辺までもカバーしている。フェンダー上に常備された予備転輪が目を惹く。（MZ）

▼ Ⅲ号L型。39式60口径長の長砲身5cm砲は、たとえば北アフリカ戦線で対峙したイギリス軍のグラントやヴァレンタインの装甲板に対しては充分な威力を発揮したが、ソ連のT-34にはやはり歯が立たなかった。そのため、Ⅲ号戦車は次第にその役割を、7.5cm砲搭載のⅣ号戦車に譲ることになった。（MZ）

東部戦線へ向かって移送中のⅢ号初期L型。すでに冬季迷彩が施されている。上部転輪の下に予備履帯を装着しているのが興味深い。(TA)

第1中隊長の搭乗車であることを示す砲塔番号が記入されたⅢ号L型。正面に装備された厚さ20mmの増加装甲板と、車輌の基本装甲板との間隔がよくわかる。1941/42年の冬季戦期間中に東部戦線で撮影された写真。(MZ)

ドイツ軍の従軍記者によって撮影された、第501重戦車大隊の本部小隊所属のⅢ号戦車。チュニジア。1943年。N型の最後期生産分のうちの1両。搭載砲は7.5cm KwK L/24すなわち24口径長の7.5cm戦車砲。これ以前の60口径長5cm砲より格段に威力があり、とくに対歩兵・野戦築城に使用した場合の効果は著しかった。榴弾、対戦車榴弾（成形炸薬弾）のどちらも使用できる。(JV)

▲ Ⅲ号N型。Ⅲ号戦車の最終型であり、最後の生産分に属する車輌。1943年、クールスク近辺で撮影。特徴的なのは追加装備されるようになったシュルツェンと呼ばれるサイド・スカート。だが、この時期もはや基本装甲が50mm厚では、防御力不足は否めなかった。(TA)

▼ 上と同じ車輌。シュルツェンの一部が失われているのも同じ。シュルツェンは厚さ5mmで、成形炸薬弾対策に設けられたもの。これ以前の生き残った旧型車輌にも取り付けられている。(TA)

これも前ページと同じ車輌。木の枝は、対空カモフラージュだろうが、形ばかりといった印象。Ⅲ号戦車の最終型であるN型は、1943年に700両が生産されている。うち37両は、それ以前の旧型車輌を改修したもの。(TA)

卸下作業中のⅢ号N型。監督官の合図にしたがって、ゆっくりと貨車から離れるところ。N型は、初期のⅣ号戦車と同じ7.5cm 24口径長の戦車砲を標準装備とした。なお、この写真の車輌は、旧型からの改修で誕生した37両のうちの1両らしく、キューポラのハッチが両開きタイプ。(MZ)

新たな戦区へ向けて、鉄道移送を待つⅢ号N型。短砲身の7.5cm戦車砲を搭載。"シュトゥメル～切り株～"の愛称は、この砲の形状に由来するのだろう。写真右の車輌は、車体機銃周辺に20mm厚の増加装甲を装着している。（MZ）

砲塔番号121のN型の後ろ姿。砲塔を取り巻くシュルツェンに注目。一方、車体側面のシュルツェンは移送の便宜上、取り外されたらしい。貨車への乗り降りは、そのまま滑り落ちる危険性の高い大変な作業であることがこの写真から読み取れる。（MZ）

Ⅲ号指揮戦車　Panzerbefehlswagen Ⅲ

▲ Ⅲ号指揮戦車D1型の側面。Ⅲ号戦車をベースにした指揮車輌の最初期型。砲塔のマーキング（白一色のバルケンクロイツ）から、1939年のポーランド戦役に投入された車輌であることがわかる。リーフスプリング利用のサスペンションはⅢ号戦車D型に特徴的な配置を示している。（MZ）

▼ Ⅲ号指揮戦車D1型。戦車型との違いがよくわかる写真。指揮戦車D1型は、操縦手用の視察クラッペが新デザインのものに変更されたのに加えて、砲塔側面にピストルポートが増設されている——写真、右の車輌にそれがよく確認できる。さらに、車体機銃もピストルポートに改められている。これは写真のどちらの車輌でも確認できる。（MZ）

1940年、西方戦役時の、フランス某所で撮影されたⅢ号指揮戦車D1型。開戦当初、白で塗りつぶされていたバルケンクロイツは、この時期にはすでに（白黒の）2色使いタイプに改められている。初期の小型転輪と、入り組んだリーフスプリング式サスペンションに注目。（TA）　下も同一車輌の写真。（MZ）

Ⅲ号戦車系列車輌の最大の強み――スピード――を遺憾なく発揮して、疾走中のⅢ号指揮戦車D1型。指揮戦車に特有の車体後部のフレームアンテナなど、指揮戦車に特有の細部に注目。武装もダミーである。マーキングから、1939年のポーランド戦役で撮影された写真とわかる。(MZ)

III号指揮戦車D1型はわずか30両しか生産されなかった。写真はそのうちの2両。砲塔の"R01"と"R02"のマーキングから、それぞれ連隊長と、その副官の搭乗車輌であることがわかる。バルケンクロイツが描き込まれていないところを見ると、戦前の、訓練時の撮影だろう。(MZ)

▲ 奇襲態勢で林間に潜むⅢ号指揮戦車D1型。ポーランド某所。ダミーの武装や車体前面のディテールがよくわかる。（MZ）

▼ 訓練中のⅢ号指揮戦車　最初期型。サスペンションの地形追従性が目を惹く。とはいえ、D1型まではこのサスペンションが不安材料のひとつだった。だが、フェアディナント・ポルシェ設計のトーションバー・サスペンションを取り入れたⅢ号戦車E型とその車台を利用した指揮戦車型の登場とともに、そうした不安もいちおうの解決を見ることになる。（TA）

▲ Ⅲ号指揮戦車D1型。足まわりにびっしりと着雪している。予備転輪がフェンダー上に3個、エンジンデッキのフレームアンテナ下にも2個、搭載されている。(MZ)

▼ Ⅲ号指揮戦車E型。道路脇の溝に滑落してしまったところを捉えた写真だが、そのおかげで車体上面が細部まで観察できる。フレームアンテナ、対空識別用の旗のほか、粗朶束を積んでいるのが目を惹く。砲塔のマーキングから、第Ⅱ大隊長の搭乗車であることがわかる。(TA)

Ⅲ号指揮戦車E型、ポーランド戦役時。操縦手用クラッペは閉ざされている。バルケンクロイツが上部車体前面に描かれているのは特異な例。E型は転輪の配置からも識別できる。それまでは小型転輪8個だったのが、本型式以降は大型転輪6個に改められている。(MZ)

Ⅲ号指揮戦車E型、砲塔番号B03、ロシア戦線。故障旗を掲げて、回収か修理待ちのところか。（MZ）

損傷度合いの激しいⅢ号指揮戦車E型。フランス某村。すでに応急修理が試みられたようで、画面手前、転輪8個がはずされて並べられ、車体は木製ブロックで支えられている。（TA）

Ⅲ号指揮戦車H型。ロシア某村で小休止のところを捉えた写真。前面の増加装甲板、さらに予備履帯を装着しているのに注目。砲塔上面には対空識別旗が広げられ、車体後部には予備転輪が積まれている。(MZ)

▲ Ⅲ号指揮戦車H型。車長は戦車突撃章銀章を誇らしそうに身につけている。(MZ)

Ⅲ号指揮戦車H型を先頭に、第18戦車師団の縦隊がロシアの冬景色のなかを行く。70077の数字は車台番号。この型式の車輌の登録車台番号は70001～70145と70146～70175。(MZ)

アフリカ軍団の"椰子の木"のマークが描かれたⅢ号指揮戦車H型。増加装甲板や砲塔機銃の周辺に被弾痕が認められる。主砲が木製のダミーであることも歴然。(TA)

鉄道移送用の貨車に乗り込む5cm 42口径長戦車砲搭載Ⅲ号指揮戦車。この型式(チェンバレン／ドイル共著『ジャーマン・タンクス』によればⅢ号戦車J型ベース)の特徴である砲塔や車体前面の増加装甲板に注目。移送に備えて、砲塔上にカモフラージュ用のネットが用意されている。部隊章から判断すると、第26戦車師団第93機甲通信大隊の所属車輌であろう。撮影時期は、1943年3月。

▲ 前ページ下と同じ車輛。積載監督官と、操縦手、車長の一致協力のもとに移送準備は進み、なんとか貨車の定位置に収まろうかというところ。(MZ)

▼ 典型的な型式混成の一例。起動輪と誘導輪は指揮戦車H型、砲塔シュルツェンと防盾の増加装甲はL型およびM型の特徴を示している。迷彩塗装、キューポラに設けられた対空機銃架に注目。背景に見える2両は、フランス軍からの鹵獲戦車35R式731(f)型。(MZ)

前ページ下と同じタイプの皿号指揮戦車。工兵橋を渡るところ。エンジンデッキ上のアンテナ基部に注目。後部マッドフラップに部隊章が見えるが、詳細は未だ不明。(JV)

5cm KwK L/42戦車砲搭載のⅢ号指揮戦車。完全に機能する（ダミーではない）戦車砲を備えた、指揮戦車型としては初めてのタイプ。車体機銃、フレームアンテナ、携行弾数などの特徴を除けば、Ⅲ号戦車J型と同じ車輌である。場所は不明だが、1943年に陸軍の兵営内で撮影された写真。（TA）

Ⅲ号指揮戦車K型は50両しか生産されていない。武装は5cm KwK 39 L/60すなわち5cm 39式60口径長戦車砲のほか、MG34機関銃1挺。ダミー砲ではもはや状況に対応できなくなったための措置。Ⅲ号戦車M型の車体を流用しているので、前照燈取り付け位置がフェンダー上に移動している点など、M型の特徴をそのまま踏まえている。（TA）

```
Photo-credits
  (MZ)   Markus Zöllner Collection
  (HH)   Henry Hoppe Collection
  (TA)   Thomas Anderson Collection
  (JV)   Jochen Vollet Archives
```

タンコグラード写真集シリーズNo.1
戦場のドイツⅢ号戦車

発行日　　2007年5月3日　初版第一刷

著　者　　マルクス・ツェルナー
翻　訳　　岡崎 淳子
装　丁　　寺山 祐策
ＤＴＰ　　小野寺 徹

発行人　　小川 光二
発行所　　株式会社 大日本絵画
　　　　　〒101-0054　東京都千代田区神田錦町1丁目7番地
　　　　　Tel. 03-3294-7861（代表）Fax. 03-3294-7865
　　　　　URL. http://www.kaiga.co.jp

編集人　　大里 元
企画・編集　株式会社 アートボックス
　　　　　〒101-0054　東京都千代田区神田錦町1丁目7番地
　　　　　錦町1丁目ビル4F
　　　　　Tel. 03-6820-7000（代表）Fax. 03-5281-8467
　　　　　URL. http://www.modelkasten.com/
印刷・製本　大日本印刷株式会社

Tankograd - Wehrmacht Special 4005
- Panzerkampfwagen III in Combat
by Tankograd Publishing, www.tankograd.com, Copyright © 2006
Japanese edition Copyright © 2007 DAINIPPON KAIGA Co, Ltd.,
OKAZAKI Atsuko

ISBN978-4-499-22930-2　C0076